Bibliografische Information der Deutschen Nationalbibliothek:

Die Deutsche Bibliothek verzeichnet diese Publikation in der Deutschen National-
bibliografie; detaillierte bibliografische Daten sind im Internet über http://dnb.d-
nb.de/ abrufbar.

Impressum:

Copyright © 2018 GRIN Verlag
Druck und Bindung: Books on Demand GmbH, Norderstedt Germany
ISBN: 9783346083791

Felix Wilden

Schwierigkeit der Durchsetzung von Bauvorhaben im Kontext nachbarschaftlicher Akzeptanz und Umsetzung von technischen Vorschriften

GRIN Verlag

Schwierigkeit der Durchsetzung von Bauvorhaben im Kontext nachbarschaftlicher Akzeptanz und Umsetzung von technischen Vorschriften

2.SCA im

5.Semester

Wirtschaftswissenschaften mit

Spezialisierung

Immobilienmanagement

Eingereicht von: Wilden, Felix

Eingereicht am: 17.10.2018

Inhaltsverzeichnis

Abbildungsverzeichnis

1 Einleitung

Ärger mit dem Nachbar, diese Situation ist den meisten Menschen bekannt. Auf jedem Kontinent, in jedem Land, durch alle Schichten und auch altersübergreifend können Unstimmigkeiten mit einem Nachbarn entstehen. Steht der Zaun nun an der richtigen Stelle, denn mein Garten wirkt kleiner? Die Blätter von Nachbars Baum liegen in meinem Garten, muss er die weg machen? Es ist Sonntag und der Nachbar mäht schon wieder den Rasen, dass darf er doch nicht? All diese ungeklärten Fragen führen oft zu Streit unter Nachbarn. Diese Streitfragen beschäftigen aber die Menschen in Großstädten nicht unbedingt. Dort sind es andere Themen, die Nachbarn aneinander geraten lassen. Durch den „Bauboom" in den Großstädten, die Gentrifizierung und den demographischen Wandel muss und wird jede noch so kleinste Baulücke genutzt. Deshalb ist die Wichtigkeit nachbarschaftlicher Akzeptanz heute so wichtig wie nie zuvor. Kaum noch sieht man zwischen Gebäuden einen freien Platz zum Bebauen. Unumgänglich ist es also von Nachbarn umgeben zu sein und wie Nerv tötend es sein muss mit einem dieser Nachbarn oder gleich mehreren einen Streit auszufechten.

Ein hilfreicher und vor allem „einfacher" Weg Streit vorzubeugen ist, Streitfragen vorab zu klären. In der Baubranche geschieht dies oft in Form einer nachbarschaftlichen Vereinbarung umso der nachbarschaftlichen Akzeptanz etwas entgegen zu rücken. Bei der Umsetzung eines Bauvorhabens sollte der Bauherr Verständnis dafür aufbringen, dass eine nachbarschaftliche Akzeptanz nur dann zu erzielen ist, wenn eine nachbarschaftliche Vereinbarung die Anliegen beider Seiten abdeckt und Rechtssicherheit sowohl für den Bauherren als auch für die betroffenen Nachbarn schafft. Ein weiterer Knackpunkt für Bauherren sind die vielen, oftmals unverständlichen, Forderungen und Vorschriften von Behörden, die von Jahr zu Jahr strenger und unverständlicher erscheinen. Diese Hürden gilt es mit Fachwissen und den richtigen Fachleuten zu überwinden.

Zielstellung der Arbeit ist es, Nutzen und Zweckmäßigkeit einer nachbarschaftlichen Vereinbarung aufzuzeigen, die Hintergründe zu verstehen und einen Einblick wichtiger Bestandteile einer nachbarschaftlichen Vereinbarung zu erhalten. Des Weiteren wird ein Einblick in die Anforderungen bei Bauarbeiten im nachbarschaftlichen Umfeld gewährleistet und Gründe aufgezeigt, weshalb es in dieser Branche so viele Forderungen und Vorschriften von Behörden gibt.

2 Nachbarschaftliche Vereinbarung

„Nachbarschaftliche Vereinbarungen – insbesondere bei Neubauvorhaben - können helfen, bauordnungsrechtliche Spannungen zwischen Grundstücken abzubauen."[1] Um dies besser verstehen zu können, werden Nutzen und Zweckmäßigkeit einer nachbarschaftlichen Vereinbarung im folgenden Abschnitt thematisiert und konkretisiert. Folglich werden Form und Inhalt einer nachbarschaftlichen Vereinbarung betrachtet. Des Weiteren werden Grunddienstbarkeit und Baulast definiert, die genauen Unterschiede analysiert und ihr Zusammenhang zur nachbarschaftlichen Vereinbarung erläutert.

2.1 Nutzen/ Zweckmäßigkeit einer nachbarschaftlichen Vereinbarung

Wie allseits bekannt, stoßen neue Bauvorhaben oft auf Ablehnung, besonders in ihrem direkten Umfeld. Nachbarschaftliche Akzeptanz oder sogar Verständnis sind meist hart erarbeitet. Ein gängiger und meist geforderter Ansatz ist eine nachbarschaftliche Vereinbarung. Diese regelt schon im Vorfeld möglicherweise anfallende Streitpunkte und zeigt Rechte und Pflichten beider Vertragsparteien auf.

Mit dem Errichten einer neuen Immobilie entstehen oftmals direkte Belastungen für das nachbarschaftliche Umfeld. Lärm, Dreck und häufig auch Schäden an den benachbarten Gebäuden machen die Errichtung einer neuen Immobilie für das Umfeld, aber besonders für die angrenzenden Grundstücke, zu einer langwierigen Belastung.

Viele Neubauten wären oftmals ohne nachbarschaftliche Akzeptanz und den daraus folgenden Genehmigungen nicht zu errichten gewesen, insbesondere dann, wenn das Baugrundstück nur über ein anderes Grundstück zu erreichen ist. Das hat zur Folge, dass für das Baugrundstück zur Bebauung und Nutzung **Rechte** eingeräumt werden müssen. Diese Rechte werden unter anderem in einer nachbarschaftlichen Vereinbarung festgehalten. Für diesen besonderen Fall ist

---

[1] Vgl. Müller & Radak - Rechtsanwälte & Notare,
https://www.muellerradack.com/immobilienrecht/grundstuecks-und-nachbarrecht/nachbarschaftliche-vereinbarung/, 02.10.18

zusätzlich eine Eintragung einer Grunddienstbarkeit und Baulast zu Gunsten des Baugrundstücks zwingend erforderlich.

Wie bereits oben erwähnt, können die Auswirkungen durch ein Bauvorhaben für die Nachbarn, vor allem während der Rohbauphase, überaus gravierend sein. Deshalb dient eine nachbarschaftliche Vereinbarung einerseits den Nachbarn eines Bauvorhabens auch zur Absicherung ihrer Ansprüche für anfallende Schäden an ihrem Grundstück und Gebäude, sowie von Mietminderungsansprüchen, etc. und andererseits den Bauherrn zur Sicherung des reibungslosen Bauablaufs ihres Bauvorhabens.

2.2 Form und Inhalt einer nachbarschaftlichen Vereinbarung

Da der Grund und die Menge der zu regelnden Punkte einer nachbarschaftlichen Vereinbarung vielseitig sein kann und zwischen mehreren Parteien gleichzeitig bestehen könnte, bedarf es daher keiner besonderen schriftlichen Form. Vielmehr kann man sagen, dass eine nachbarschaftliche Vereinbarung genau die Punkte/Anliegen regelt, welche die Vertragsparteien beidseitig genehmigt haben möchten.

Um einen Einblick und praxisnahe Inhaltspunkte einer nachbarschaftlichen Vereinbarung zu erhalten, werden nun in der folgenden Aufzählung oftmals wichtige zu regelnde Punkte genannt und erklärt.

- <u>Zeitlich befristete Nutzung des dienenden Grundstücks</u>

  Unter diesem Punkt wird geregelt, dass der Eigentümer des **herrschenden Grundstücks** (Grundstück/Eigentümer welche besondere Rechte eingeräumt werden) das **dienende Grundstück** (Grundstück welches einem anderen Grundstück/Eigentümer Rechte einräumt) oder Teile des Grundstücks, laut nachbarschaftlicher Vereinbarung nutzen darf. Dies kann im Zusammenhang einer Zutrittsgewährung zur Durchführung der Beweissicherung im Rahmen der Dokumentation des Bauzustandes des angrenzenden Gebäudes geschehen. Allerdings auch um die gegebenenfalls vorhandenen Mieter über das bevorstehenden Bauvorhaben vorab zu informieren.

- <u>Beweissicherung</u>

Die Bedeutung der Beweissicherung ist besonders groß, da vor allem bei Innenhofbebauung oder aber bei Lückenbebauung, wie es in Berlin oft der Fall ist, erhebliche Schäden an bereits bestehenden Gebäuden entstehen können. Hierzu dient das Beweissicherungsverfahren, ausgeführt durch einen öffentlich bestellten und vereidigten Sachverständigen, zur Prüfung und Dokumentation etwaiger Schäden. So ist es üblich, dass dieser Sachverständige vor, währenddessen und nach Baufertigstellung die angrenzenden Gebäude besichtigt und Veränderungen dokumentiert. Die Beauftragung des Sachverständigen erfolgt in der Regel durch den Bauherren, der auch die Kosten hierfür trägt. Die Intervalle der Begehungen durch den Sachverständigen sind frei wählbar.

- <u>Sicherheitsleistung</u>

Unter diesem Punkt sichert der Eigentümer des herrschenden Grundstücks dem Eigentümer des dienenden Grundstücks zu, eine Sicherheitsleistung in Form einer unbefristeten selbstschuldnerischen Bürgschaft oder auch in bar zu hinterlegen. Dies bedeutet nicht „bar auf die Hand", sondern eine Einzahlung auf ein bestimmtes Konto. Der Nutzen der Sicherheitsleistung besteht darin, möglich entstandene Schäden am dienenden Grundstück beseitigen zu können, falls der Eigentümer des herrschenden Grundstücks finanziell nicht mehr dazu in der Lage ist.

- <u>Nutzungszeitraum</u>

Im Nutzungszeitraum ist genau geregelt ab wann und für welche Dauer die zugesicherten Rechte zur zeitweiligen Benutzung des dienenden Grundstücks bestehen. Bei zeitlichen Verschiebungen der Baufertigstellung ist der Eigentümer des dienenden Grundstücks zu informieren.

- <u>Schadensbeseitigung und Wiederherstellung des ursprünglichen Zustands</u>

„Hier sichert der Bauherr oder Eigentümer des herrschenden Grundstücks dem Eigentümer des dienenden Grundstücks zu, dass vom Sachverständigen im Rahmen der Beweissicherung festgestellte Schäden unverzüglich und im selben Wert zu beheben sind."[2] Mit Wiederherstellung des ursprünglichen Zustands ist mitunter auch die Beseitigung von Schmutz während und nach Fertigstellung gemeint, sowie die Beseitigung von evtl. vorhandenen Bauzäunen oder anderen Gerätschaften.

- <u>Regelung zur Mietminderung</u>

Wie bereits erwähnt, ist die Errichtung eines Neubaus oder aber der Ausbau eines bereits bestehenden Gebäudes eine oftmals hohe Belastung für Eigentümer und Mieter angrenzender und umliegender Gebäude. Da es oft der Fall ist, dass Baulärm und Bauschmutz die Tauglichkeit einer Wohnung beeinträchtigen, ist der Mieter dazu berechtigt, laut **§ 536 Abs. 1 BGB**, eine nur angemessene herabgesetzte Miete zu bezahlen. Da dies den Eigentümer des dienenden Grundstücks, nicht aber den Eigentümer des herrschenden Grundstücks belastet, findet man eine Regelung zur Mietminderung in so ziemlich jeder nachbarschaftlichen Vereinbarung. Diese besagt, dass der Eigentümer des Grundstücks, auf welchen Bauarbeiten stattfinden, mögliche Mietminderungen auszugleichen hat.[3]

2.3 Grunddienstbarkeit – Definition und Verfahren

§1018 Gesetzlicher Inhalt der Grunddienstbarkeit

„Ein Grundstück kann zugunsten des jeweiligen Eigentümers eines anderen Grundstücks in der Weise belastet werden, dass dieser das Grundstück in einzelnen Beziehungen benutzen darf oder dass auf dem Grundstück gewisse Handlungen nicht vorgenommen werden dürfen oder dass die Ausübung eines

---

[2] Vgl. (interne Quelle) Nachbarschaftliche Vereinbarung zwischen City 2. ImmoInvest GmbH und der   WBM GmbH, Berlin 2017, S.4
[3] (interne Quelle) Nachbarschaftliche Vereinbarung zwischen City 2. ImmoInvest GmbH und der   WBM GmbH, Berlin 2017

Rechts ausgeschlossen ist, das sich aus dem Eigentum an dem belasteten Grundstück dem anderen Grundstück gegenüber ergibt (Grunddienstbarkeit)."[4]

Bezugnehmend auf den oben genannten Gesetzestext ist zu erwähnen, dass die Grunddienstbarkeit, Eintragung im Grundbuch Abteilung II, notariell beglaubigt werden muss. „Dem jeweiligen Eigentümer eines herrschenden Grundstücks steht somit das dingliche Recht zur beschränkten unmittelbaren Nutzung eines anderen Grundstücks zu."[5] So wird im Gegenzug vom Eigentümer des belasteten oder dienenden Grundstücks entweder Duldung (z.B. Begehen, Befahren, Einwirkungen durch Rauch, Gase, Geräusche) oder Unterlassung (z.B. Baubeschränkungen) verlangt.

Zunächst aber müssen sich erstmal die Eigentümer beider Grundstücke einigen und der Eigentümer des dienenden Grundstücks einer Eintragung im Grundbuch zustimmen. Die Eintragung zusätzlich im Grundbuch des herrschenden Grundstücks **(Herrschaftsvermerk)** ist möglich, aber nicht erforderlich. Der Berechtigte ist gegen Störungen seines Nutzungsrechts wie ein Eigentümer geschützt - die Grunddienstbarkeit ist wesentlicher Bestandteil eines Grundstücks. Da sich eine Einigung beider Parteien oftmals sehr schwierig gestaltet, werden nachbarschaftliche Vereinbarungen getroffen um somit den Eigentümer des dienenden Grundstücks Sicherheiten zu gewährleisten und ihn gegebenenfalls für seine Zustimmung zur Eintragung einer Grunddienstbarkeit zu „entlohnen". Daran ist zu erkennen wie eine nachbarschaftliche Vereinbarung entscheidungsbringend für beide Parteien fungieren kann.

Von der Baulast unterscheidet sich die Grunddienstbarkeit im Wesentlichen dadurch, dass es sich bei der Baulast um ein öffentlich-rechtliches Rechtsinstitut handelt und bei der Grunddienstbarkeit um ein zivilrechtliches, obwohl es den gleichen sachlichen Geltungsbereich betrifft.[6]

---

[4] Dr. Köhler, Helmut: BGB 77. Auflage; Beck-Texte im dtv; 2016, S. 270
[5] Vgl. Verfasser unbekannt, https://wirtschaftslexikon.gabler.de/definition/grunddienstbarkeit-32742, 04.10.18
[6] Gespräch mit Bauingenieur der City 2. ImmoInvest GmbH (interne Quelle)

2.4 Baulast – Definition und Verfahren

Baulast ist definiert als eine freiwillig übernommene Verpflichtung des Grundstückseigentümers gegenüber der Bauaufsichtsbehörde auf öffentlich-rechtlicher Basis.

Baulasten erlangen Rechtsgültigkeit sobald sie im Baulastenverzeichnis eingetragen sind.

Eingetragene Baulasten gehen auch wie eine eingetragene Grunddienstbarkeit auf den Rechtsnachfolger über. Neben dem Eintrag im Baulastenverzeichnis muss sich ein Hinweis auf eine eingetragene Baulast auch im Liegenschaftskataster wieder finden.

Die Baulast muss im Baugenehmigungsverfahren wie eine baugesetzliche Verpflichtung gehandhabt werden. Ein Bauvorhaben das nicht mit der Baulast übereinstimmt, ist nicht genehmigungsfähig. Da die Baulasten eine Verpflichtung des Grundstückseigentümers gegenüber der Baubehörde darstellen, leitet sich keine zivilrechtliche Grundlage ab. Es ist daher notwendig z.B. Wegerecht zwischen Nachbarn auch zivilrechtlich abzusichern.

In einigen Bundesländern ist dies aber unterschiedlich geregelt, oder existiert gar nicht. So wie im Freistaat Bayern. Dort gibt es keine Baulasten und kein Baulastenverzeichnis. Die entsprechenden Verpflichtungen werden dort als Grunddienstbarkeiten in Abteilung II des Grundbuchs eingetragen. Da das oft zu Verwirrung führen kann, ist daher zu raten sich vorab über die jeweilige Landesbauordnung zu informieren, da Nichtkenntnis von bestehenden Baulasten nicht von den damit verbundenen Verpflichtungen entbindet.

Es gibt mehrere Arten von Baulasten. Einige die immer wieder in Verbindung mit nachbarschaftlichen Vereinbarungen auftauchen, sind Zufahrtsbaulast, Vereinigungsbaulast, Abstandflächenbaulast, Unterlassungsbaulast, Stellplatzbaulast, Kinderspielflächenbaulast.[7]

---

[7] Vgl. Verfasser unbekannt, https://wirtschaftslexikon.gabler.de/definition/baulast-52839, 05.10.18

3 Forderung von Behörden und Regeln der Baukunst bei der Ausführung von Bauarbeiten im nachbarschaftlichen Umfeld

Im Allgemeinen ist bekannt, dass das Bauen von Immobilien schon immer ein kostspieliger und aufwendiger Prozess ist. Durch die Internationalisierung und den damit verbundenen „Bauboom" werden freie Grundstücke im Stadtkern oder Stadtnähe zur Bebauung immer rarer. Das hat zur Folge, dass händeringend auf dem Markt nach weiteren Möglichkeiten gesucht wird. Möglichkeiten können eine Innenhofbebauung oder Lückenbebauung sein. Diese Art der Bebauung stellt oft weitere spezielle Anforderungen und Vorschriften an Fachleute, zusätzlich zu den bereits bestehenden. Um die Schwierigkeit der Bebauung im nachbarschaftlichen Umfeld verstehen zu können, werden im ersten Teil einige wichtige Vorschriften bei der Ausführung von Bauarbeiten genannt und erklärt. Im Anschluss daran wird speziell die Anforderungen der Grundwasserabsenkung erläutert und abschließend das Nachbarschaftsgesetz von Berlin beschrieben.

3.1 Vorschriften bei der Ausführung von Bauarbeiten im nachbarschaftlichen Umfeld

„Die **DIN 4123** gilt für Ausschachtungen und Gründungsarbeiten neben bestehenden Gebäuden sowie für die herkömmliche Unterfangung von Gebäudeteilen in schmalen Streifen mit Mauerwerk, Beton oder Stahlbeton. Sie gibt an, wie diese Arbeiten so durchgeführt werden können, dass Standsicherheit und Gebrauchstauglichkeit der bestehenden Gebäude erhalten bleiben, und welche Nachweise dafür erbracht werden müssen."[8]

So ist zu sagen, dass diese Norm für die Berechnung, den Entwurf und die Ausführung ausschlaggebend ist. Nichtsdestotrotz muss in der Branche noch auf weitere Vorschriften geachtet werden. So ist beispielsweise die Regelung der Abstandsflächen und die Grenzbebauung nach Bauordnung eine ganz besonders wichtige. Diese besagt, dass

---

[8] DIN 4123

• die Abstandsfläche sich über die volle Breite einer Fassade erstreckt,

• der mindestens einzuhaltende Abstand der Gebäudehöhe entspricht, multipliziert mit einem Wert zwischen 0,25 und eins (je nach Bundesland) und

• das der Mindestabstand in der Regel zweieinhalb bis drei Meter betragen muss.

Bei einer Bebauung „Giebel an Giebel", welche bei Lückenbebauung oft Praxis findet, muss zuerst eine Einwilligung des Nachbarn eingeholt werden, da dies sein Eigentum betrifft und erhebliche Risiken bei unkorrekter Ausführung in sich birgt. So können z.B. Schäden in Form von Setzungsrissen am Nachbargiebel und Aufreißen des Kellerfußbodens entstehen. Auch kann es dazu kommen, dass durch das Absenken des Gebäudes Fenster und Türen fortan klemmen. Im schlimmsten Fall brechen ganze Giebel ein und Häuser werden zerstört. Um dieser Tragödie und den damit verbundenen Mehrkosten aus dem Weg zu gehen, werden genaue Vorschriften in der Praxis eingehalten und auch überprüft.

1. Bauvorbereitung
   - Untersuchung der Bauunterlagen auf Richtigkeit des derzeitigen Zustands vor Baubeginn.
   - Erkundung des Baugrunds auf seine Beschaffenheit, bei Unklarheit sind Stichproben zu entnehmen.
   - Erkundung der bestehenden baulichen Anlagen.
   - Erkundung der im Baugrund wirkenden Kräfte.
   - Beweissicherung – vor, während und nach den Bauarbeiten.
   - Sicherungsmaßnahme am Gebäude, wie z.B. Verbesserung oder Sicherung des Verbundes, Rückverankerung gefährdeter Gebäudeteile usw.

2. Bauausführung
   - Vorrausetzungen ist, der Grundwasserstand muss mindestens 0,5m unter der Gründungssohle liegen.
   - Ausschachtungen: Sicherung der bestehenden Gründung gegen Grundbruch, da aus statischen Gründen ein Gebäude niemals ohne Sicherungsmaßnahmen bis zu seiner Fundamentunterkante freigesetzt werden darf. Eine alt bewährte Sicherungsmaßnahme ist einen Erdblock bestehen zu lassen, wie in Abbildung 1 dargestellt.

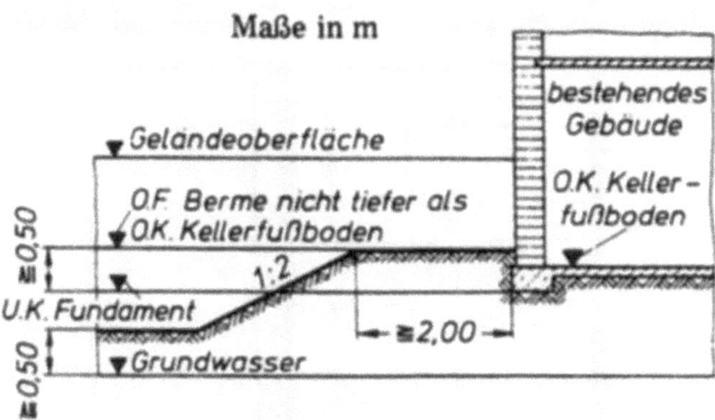

Abbildung 1: Bodenaushubgrenzen

- Schutz der Baugrube vor Witterungseinflüssen, durch Abdeckung mit Planen und gegebenenfalls bei Frost mit wärmedämmenden Abdeckungen.
- Unterfangungen: „Liegt die Gründungssohle des neu zu errichteten Gebäudes tiefer als die des bestehendes Gebäudes, so ist diese auf die Länge des neuen Fundaments und in einem Übergangsbereich etwa im Böschungswinkel des anstehenden Gebäudes abgetreppt, höchstens aber auf der Länge des alten Fundaments zu unterfangen."[9] [10]

---

[9] DIN 4123
[10] Vgl. DIN 4123

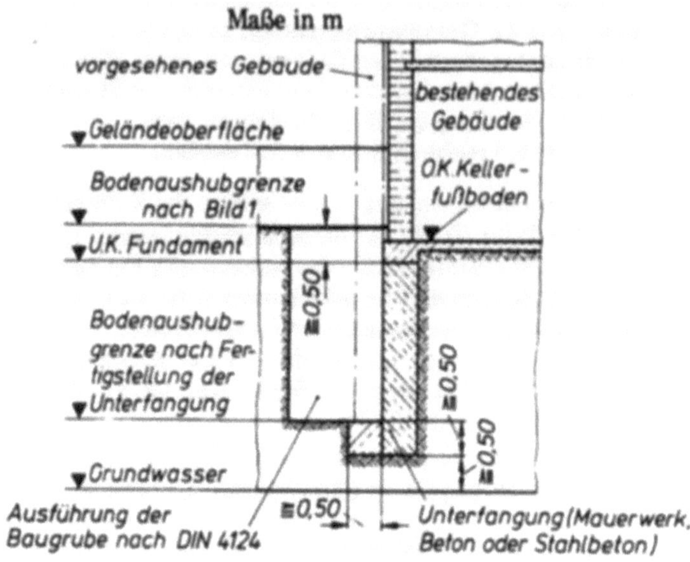

Abbildung 2: Unterfangung

Zusammenfassend ist zu sagen, dass das Bauen im nachbarschaftlichen Umfeld besondere Risiken in sich birgt und die Menge der Vorschriften (nicht alle aufgeführt) durchaus ihre Berechtigung hat.

3.2 Anforderungen bei der Grundwasserabsenkung

Grundwasserabsenkung, ein Begriff dem jedem in der Branche bekannt ist aber nur wenige eigentlich genau wissen welche Anforderungen, Risiken und Aufwand damit verbunden sind.

„Da diese Auswirkungen gravierend sein können, erfordet die Durchführung der wasserrechtlichen Verfahren ein hohes Maß an fachlichen und verwaltungsrechtlichen Kenntnissen."[11] - So die offizielle Vorbemerkung der Verwaltungsvorschrift Brandenburg.

Um mit einer Grundwasserabsenkung beginnen zu können, muss ein Fachplaner erstmal die Gegebenheiten vor Ort begutachten und analysieren. Meist werden Bodenproben genommen um den Grund und das darunterliegende Grundwasser genau bestimmen zu können - **hydrogeologisches Gutachten**. Daraufhin wird vom Fachplaner eine genaue Berechnung und Methodik der Grundwasserabsenkung ausgearbeitet. Gründungstiefe und Wasserandrang sind nur einer der Punkte die der Fachplaner genau berechnen muss. Nachdem alles Notwendige für eine Grundwasserabsenkung berechnet und vorbereitet wurde, reicht das zuständige Ingenieurbüro den Antrag auf Grundwasserabsenkung, spätestens zwei Monate vor dem geplanten Termin, bei der Umweltbehörde ein. „Mit dem Antrag sind alle Unterlagen vorzulegen, die im Hinblick auf die Erteilung einer wasserrechtlichen Erlaubnis für die Beurteilung der Maßnahme erforderlich sind (§ 35 Abs. 1 BbgWG)."[12] Diese prüft das ganze anhand eines Genehmigungsverfahren. Anträge die offensichtlich unzulässig, mangelhaft oder unvollständig sind, können abgelehnt werden wenn der Antragsteller sie nicht innerhalb, dem jeweiligen Einzelfall angemessenen Frist, verbessert oder ergänzt. Die Hauptklärungspunkte zur Genehmigung einer Grundwasserabsenkung sind:

> ➢ „Kurzbeschreibung des Bauvorhabens
> ➢ Zweck der Grundwasserabsenkung
> ➢ Zeitplan
> ➢ Hydrogeologische Beschreibung des Standortes (gegebenenfalls hydrogeologisches Gutachten)

---

[11]Verwaltungsvorschrift über Grundwasserabsenkungen bei Baumaßnahmen (VVGWA); ABl. Brandenburg Nr. 20 vom 24.05.2000, S. 246
[12] Vgl. ebd.

> Benachbarte Grundwassernutzer
> Maßnahmen zur Grundwasserabsenkung
> Geplante Ableitung des gehobenen Grundwassers
> Grundwasserbeschaffenheit am Standort
> Berechnung der Grundwasserabsenkung
> Gefährdungsbewertung und Gegenmaßnahmen
> Überwachung der Grundwasserabsenkung"[13]

Sobald ein genehmigungsfähiger Antrag der Umweltbehörde vorliegt, kann im Grunde genommen schon mit einem Beweissicherungsverfahren begonnen werden. Darauffolgend wir die Grundwasserabsenkung einer Baugrube, auch als geschlossene Wasserhaltung bezeichnet, durchgeführt. Sie ist im Allgemeinen erforderlich, wenn der höchste Grundwasserstand mehr als 50 cm über der Baugrubensohle steht – was in Berlin oft der Fall sein kann. Zwei Wochen nachdem die Grundwasserabsenkung durchgeführt wurde, muss erneut eine Beweissicherung in Auftrag gegeben werden. Dieses wird am Ende der Grundwasserabsenkung ein weiteres Mal verlangt. Während der Grundwasserabsenkung finden vom beauftragten Vermessungsbüro alle vier Wochen Kontrollmessungen statt. Ein bestellter Grundwasserbeauftragter des zuständigen Ingenieurbüros begleitet und kontrolliert den Gesamtkomplex der Grundwasserabsenkung, -ableitung und -einleitung. Diese besonders intensive Betreuung muss sein, da es bei einer fehlerhaften Absenkung zu einem enormen wirtschaftlichen Schaden kommen kann. Folgende Szenarien gilt es zu vermeiden:

> „Gefährdung der Standsicherheit benachbarter Bauwerke,
> Beeinträchtigung anderer Grundwasserbenutzungen, insbesondere öffentlicher Trinkwasserversorgungsanlagen,
> Mobilisierung von wassergefährdenden Stoffen aus Altlasten mit der Folge der Beeinträchtigung der öffentlichen Wasserversorgung,
> Salzwasseraufstieg durch zu große Grundwasserentnahme an entsprechend geologisch geprägten Standorten,
> Eisenfällung und damit verbundene Trübung, Verfärbung, Verschlammung und Sauerstoffzehrung in Oberflächengewässern, in die das entnommene Grundwasser eingeleitet wird,

---

[13] Vgl. ebd.

> Überflutung durch Einleitung großer Grundwassermengen in Vorfluter mit zu geringer hydraulischer Leistungsfähigkeit,

> Beeinträchtigung der Schifffahrt durch Querströmungen infolge Einleitung großer Grundwassermengen in oberirdische Gewässer,

> Beeinträchtigung der Uferbefestigung durch ungünstige Gestaltung des Einleitbauwerkes,

> Beeinträchtigung des Naturhaushaltes, insbesondere von Feuchtgebieten sowie Schädigung der Vegetation und schädliche Bodenveränderungen, insbesondere bei Mooren und grundwasserbeeinflussten Böden."[14] [15]

Abschließend ist zu sagen, dass die Grundwasserabsenkung mit den damit verbundenen Anforderungen der zuständigen Behörde, den möglichen wirtschaftlichen aber ganz besonders den ökologischen Gefahren, ein Prozess ist der gut geplant und vor allem ordnungsgemäß ausgeführt werden muss.

3.3 Nachbarschaftsgesetz von Berlin

Das Nachbarschaftsgesetz von Berlin trat 1974 in Kraft und umfasst 38 Paragraphen, die in neun Abschnitte gegliedert sind. Im ersten Abschnitt werden die allgemeinen Vorschriften aufgeführt, wie z.B. die Definition eines Nachbarn, laut Gesetz. Im zweiten Abschnitt wird der Begriff Nachbarwand definiert. Von der Errichtung, über den Anbau, zur Anzeige des unerlaubten Anbaus, bis hin zum Abriss einer Nachbarwand. Alles rund um die Nachbarwand wird hier genau geklärt. Im folgenden Abschnitt wird ähnlich wie bei der Nachbarwand, alles über die Errichtung einer Grenzwand erklärt. Im nächsten Abschnitt, welcher die Paragraphen 17 und 18 umfasst, werden Hammerschlags- und Leiterrecht mit ihrem Umfang und Inhalt erläutert. Im fünften Abschnitt werden die Regeln für das Höherführen von Schornsteinen, Lüftungsleitungen und Antennenanlagen erklärt. So wie der letzte Abschnitt, befasst sich der Folgende nur mit einer Thematik die der Bodenerhöhung. In den §§ 21-26, welche zum siebten Abschnitt gehören, werden alle Gegebenheiten für eine korrekte Einfriedung (einzäunen) des Grundstücks genannt. Der vorletzte Abschnitt beschäftigt sich mit der korrekten

---

[14] Vgl. ebd.
[15] W. Herth, E. Arndts: Theorie und Praxis der Grundwasserabsenkung, Ernst & Sohn Verlag, 1994

Bepflanzung und den dazugehörigen Abstandsflächen, Höhen, etc. Im neunten und damit letzten Abschnitt werden Übergangs- und Schlussvorschriften aufgeführt.[16]

Ein jedes Gesetz im Nachbarschaftsgesetz hat seine Berechtigung und Nutzen, aber eins ganz besonders. Das Gesetz der Einfriedung, ist das am meisten nachgefragte Gesetz, wenn nachbarschaftliche Uneinigkeit herrscht - Welcher Zaun gehört wohin?

4 Fazit

In meiner Arbeit „Schwierigkeit der Durchsetzung von Bauvorhaben im Kontext nachbarschaftlicher Akzeptanz und Umsetzung von technischen Vorschriften" habe ich versucht die Schwierigkeit nachbarschaftlicher Akzeptanz zu erlangen dargestellt, den Nutzen einer nachbarschaftlichen Vereinbarung erörtert und sowohl die Wichtigkeit technischer Vorschriften, als auch die Korrektheit bei der Durchführung erklärt.

Die Ergebnisse zeigen, dass nachbarschaftliche Akzeptanz bei einem Bauvorhaben durchaus brisant ist und nicht als unwichtig angesehen werden darf. Viel zu groß ist die Spanne bei einem Bauvorhaben, die dieses Thema einnimmt, um es als „Kleinkram" zu betiteln. Vom Kauf des Grundstücks, über den Bau bis hin zur Fertigstellung, ein gutes nachbarschaftliches Verhältnis kann insbesondere dem Bauherren, aber auch dem Nachbarn viel Aufwand und Ärger ersparen. So ist der Ansatz einer nachbarschaftlichen Vereinbarung, welche oft Praxis findet, genau richtig. So kommen erstmals die beiden Eigentümer in Kontakt und erklären gleich ihre Wichtigkeit der Dinge. Das kann grobe Streitpunkte vorab klären und einen einigermaßen reibungslosen Bauablauf garantieren.

Des Weiteren haben für einen reibungslosen Bauablauf Forderungen und Vorschriften von Behörden allerhöchste Priorität, aber auch das Fachwissen der

---

[16]Verfasser unbekannt,
http://gesetze.berlin.de/jportal/portal/t/1sak/page/bsbeprod.psml?doc.id=jlr-NachbGBErahmen&showdoccase=1&doc.part=X¶mfromHL=true, 15.10.18

einzelnen Fachleute ist enorm wichtig. Nicht nur der Baustopp, veranlasst durch irgendeine Behörde, weil Irgendjemand ein Fehler unterlaufen oder etwas in Vergessenheit geraten ist, bedeutet immense wirtschaftliche Einbußen für den Bauherren. Sondern viel schlimmer, wenn ein Mensch physikalischen Schaden davon tragen musste, weil bei einer unkorrekten Ausschachtung der Giebel wegbrach und Teile eines Nachbargebäudes zerstört wurden. Diese Misserfolge/Unfälle sind ein Risiko des Geschäfts, müssen aber verhindert werden und genau deswegen gibt es unzählige Forderungen und Vorschriften – um den Menschen und sein Eigentum zu schützen.

In der Zukunft sehe ich durch die ständige Innovation von Technologien einen großen Vorteil noch effizienter zu entwickeln und zu bauen und somit auch anspruchsvollere Bauvorhaben für jeden Beteiligten, auch für das nachbarschaftliche Umfeld, angenehmer zu gestalten. Ganz werden nachbarschaftliche „Reiberein" mit Sicherheit niemals zu verhindern sein, da es das Konfliktpotenzial schon immer gab und durch den Zuzog in die Großstädte und den damit verbundenen Neubauten weiter wachsen wird.

Literaturverzeichnis

Bücher

W. Herth, E. Arndts: Theorie und Praxis der Grundwasserabsenkung, Ernst & Sohn Verlag, 1994

Sammelwerke

Dr. Köhler, Helmut: BGB 77. Auflage; Beck-Texte im dtv; 2016, S. 270

Internetquellen

Müller & Radak - Rechtsanwälte & Notare: unter:
https://www.muellerradack.com/immobilienrecht/grundstuecks-und-nachbarrecht/nachbarschaftliche-vereinbarung/, Aufruf am 02.10.18

Verfasser unbekannt: unter:
https://wirtschaftslexikon.gabler.de/definition/grunddienstbarkeit-32742, Aufruf 04.10.18

Verfasser unbekannt: unter:
https://wirtschaftslexikon.gabler.de/definition/baulast-52839, Aufruf 05.10.18

Verfasser unbekannt: unter:
http://gesetze.berlin.de/jportal/portal/t/1sak/page/bsbeprod.psml?doc.id=jlr-NachbGBErahmen&showdoccase=1&doc.part=X¶mfromHL=true, Aufruf 15.10.18

Weitere Quellen

Nachbarschaftliche Vereinbarung zwischen City 2. ImmoInvest GmbH und der WBM GmbH, Berlin 2017

Gespräch mit Bauingenieur der City 2. ImmoInvest GmbH (interne Quelle)

DIN 4123

Verwaltungsvorschrift über Grundwasserabsenkungen bei Baumaßnahmen (VVGWA); ABl. Brandenburg Nr. 20 vom 24.05.2000, S. 246